THÈSES

DE

PHYSIQUE ET DE CHIMIE,

présentées

A LA FACULTÉ DES SCIENCES DE PARIS,

LE AOUT 1847,

Par M. L. PASTEUR,

Ancien élève de l'École Normale, agrégé préparateur de Chimie à cette École.

PARIS,

IMPRIMERIE DE BACHELIER,

Rue du Jardinet, 12.

1847.

THÈSES

DE

PHYSIQUE ET DE CHIMIE,

présentées

A LA FACULTÉ DES SCIENCES DE PARIS,

LE AOUT 1847,

Par M. L. PASTEUR,
Ancien élève de l'École Normale, agrégé préparateur de Chimie à cette École.

PARIS,
IMPRIMERIE DE BACHELIER,
Rue du Jardinet, 12.

1847.

ACADÉMIE DE PARIS.

FACULTÉ DES SCIENCES.

MM. DUMAS, doyen,
BIOT,
FRANCOEUR,
DE MIRBEL,
PONCELET,
POUILLET,
LIBRI,
STURM,
DELAFOSSE,
LEFÉBURE DE FOURCY,
DE BLAINVILLE,
CONSTANT PREVOST,
AUGUSTE SAINT-HILAIRE,
DESPRETZ,
BALARD,
MILNE EDWARDS,
CHASLES,
LE VERRIER,
} Professeurs.

DUHAMEL,
VIEILLE,
MASSON,
PELIGOT,
DE JUSSIEU,
} agrégés.

A mon Père et à ma Mère.

THÈSE DE CHIMIE.

RECHERCHES SUR LA CAPACITÉ DE SATURATION DE L'ACIDE ARSÉNIEUX.
ÉTUDE DES ARSÉNITES DE POTASSE, DE SOUDE ET D'AMMONIAQUE.

Un des travaux qui ont été les plus féconds en découvertes utiles pour la chimie est sans contredit celui de M. Graham sur l'acide phosphorique. Les chimistes reconnurent, dès lors, quels importants changements, dans les propriétés d'un corps, pouvaient naître de la présence ou de l'absence de l'eau. Le phosphate de soude ordinaire a une réaction alcaline; il donne avec les sels d'argent un précipité jaune qui a une composition singulière, comparée à celle du sel qui l'a fourni. Calciné, ce sel n'a plus la même réaction alcaline, il ne donne plus avec les sels d'argent un précipité jaune, mais blanc, de composition spéciale. Eh bien, ces propriétés si remarquables, si permanentes, inexpliquées jusqu'alors, ont tout simplement pour origine l'existence, dans le phosphate de soude ordinaire, de 1 équivalent d'eau jouissant de la propriété de fonctionner à la manière d'une base fixe, susceptible de se dégager seulement à une haute température; et, dès que le sel a perdu cet élément important, il est tout autre qu'auparavant: il est sorti de son type primitif. Dans la calcination de l'acide phosphorique ordinaire, on observe des faits non moins dignes d'intérêt, et qui ont conduit les chimistes à admettre trois acides phosphoriques. Mais il y a plus: si l'on compare la composition des sels qu'un de ces acides fournit, avec celle de l'acide correspondant, on trouve que la composition de ces sels est en quelque sorte calquée sur celle de l'acide pris avec l'eau qui entre réellement dans sa constitution. Il n'y avait pas loin de là à dire que l'acide était un sel d'eau, que le caractère de l'acide résidait dans la molécule d'eau dont il renferme les éléments. Et comme, en général, dans les sels de même genre le rapport de l'oxygène de l'acide à celui de la base est constant, ce rapport devra exister pour l'acide; et réciproquement, il sera dans les sels ce qu'il est dans l'acide. Par suite, si l'acide renferme 2 ou 3 molécules d'eau, tous les sels correspondants auront 2 ou 3 molécules de base; en d'autres termes, il y a des acides monobasiques, bibasiques, etc. Il peut arriver qu'un même corps s'unisse à 1, ou 2, ou 3 molécules d'eau pour donner lieu à trois acides différents ayant des capacités de saturation différentes et donnant lieu à trois séries de sels distincts. Tel est l'acide phosphorique anhydre.

En adoptant ces idées, quelle opinion devra-t-on se faire sur ces acides, tels que l'acide silicique, qui ne s'obtiennent point à l'état hydraté avec des quantités d'eau basique variables, et donnent lieu cependant à plusieurs genres de sels? On peut admettre que chacun de ces genres de sels correspond à des acides hydratés différents, ou à des acides anhydres différents, susceptibles de s'unir à des quantités variables d'oxydes métalliques; ou, enfin, qu'il n'y a qu'un seul genre de sels, et que tous ceux qui n'y rentrent pas sont des sels basiques ou des sels acides. L'acide arsénieux est de l'ordre de ces acides que l'on n'a pu encore obtenir hydratés, et qui fournissent des sels dont le type diffère; au sujet duquel, par conséquent, on peut faire les trois hypothèses que nous venons de mentionner. Les recherches suivantes prouveront, en effet, que l'acide arsénieux ne donne pas toujours lieu à des sels où le rapport de l'oxygène de l'acide à celui de la base est de 3 à 2, comme beaucoup de chimistes l'ont admis jusqu'ici; mais qu'il existe réellement, et presque pour chaque métal en particulier, un arsénite à 1 équivalent de base, et un autre à 2 équivalents de base. Dès lors, il y aura à résoudre cette question : Les arsénites à 2 équivalents de base ne sont-ils que les arsénites à 1 équivalent combinés à une nouvelle proportion de base, des arsénites basiques en d'autres termes? ou bien y a-t-il deux acides arsénieux, soit anhydres, soit hydratés, l'un monobasique, l'autre bibasique? Je reviendrai prochainement sur cette question : aujourd'hui je me propose d'établir seulement, par l'examen de corps bien définis, cristallisés, que l'acide arsénieux donne souvent lieu à des sels où le rapport de l'oxygène de l'acide à celui de la base est de 3 à 1, et que cet acide n'est nullement comparable à l'acide phosphoreux, surtout à l'acide phosphoreux tel que nous l'a fait connaître le travail de M. Würtz.

Avant d'entrer dans le détail des faits qui forment le sujet principal de ces recherches, je dirai à quelle occasion elles ont été entreprises. Je le fais d'autant plus volontiers, que je serai ainsi naturellement amené à l'étude d'une nouvelle combinaison cristallisée qui s'obtient facilement au moyen du produit direct de l'action du gaz ammoniac sec sur le chlorure d'arsenic.

Guidé par les bienveillants conseils de M. Laurent, auprès duquel j'ai eu le bonheur, de trop courte durée, de travailler dans le laboratoire de chimie de l'École Normale, j'avais entrepris de mettre à l'épreuve un des points de sa théorie des acides amidés. Les principales assertions que cette théorie renferme ont été établies antérieurement par des travaux nombreux de M. Laurent. Il n'en est pas de même de la partie relative aux acides chloramidés. Tout ce que l'on peut dire, c'est qu'il est probable que les chlorures volatils anhydres sont des produits qu'il faut rapprocher des acides anhydres ; et que de même que ces derniers, en présence du gaz ammoniac sec, donnent des acides amidés tels que l'acide camphoramique, isamique, etc., de même les produits directs du gaz ammoniac sec sur les chlorures volatils sont des acides chloramidés ou des sels d'ammonium, lorsque plusieurs équivalents d'ammoniaque sont entrés dans la réaction. Et qu'on ne s'y trompe pas : cette théorie est digne, au plus haut degré, d'exciter l'attention des chimistes. Qu'elle soit établie en effet, pour ce qui regarde les acides chloramidés, et la question du rôle de l'eau dans les acides a fait un grand pas. Il deviendra de plus en plus probable que le vrai caractère d'un acide dépend essentiellement de l'hydrogène qu'il renferme, susceptible d'être remplacé par un métal quelconque, lorsqu'on aura prouvé que le gaz ammoniac donne avec un chlorure volatil un acide où 1 équivalent d'hydrogène peut être remplacé par 1 équivalent de métal quelconque. On obtiendra en effet, de cette manière, des acides et des sels où il n'entrera pas d'oxygène, partant ni eau ni oxyde.

Action du gaz ammoniac sec sur le chlorure d'arsenic.

On sait déjà depuis longtemps, par les travaux de MM. Persoz et H. Rose, que, lorsqu'on fait rendre, dans un ballon contenant du chlorure d'arsenic, du gaz ammoniac desséché, bientôt la température du chlorure s'élève, tandis qu'il se trouve transformé en une matière blanche, pulvérulente, non cristallisée, inodore, et qui, saturée de gaz ammoniac, possède, d'après M. H. Rose, la composition

$$Ch^6\,Ar^2 + 7\,Az\,H^3.$$

Quelle est la constitution de cette matière? quels groupes forment les éléments qui y entrent? Il est très-probable que cette substance, ainsi que toutes celles obtenues dans les mêmes circonstances, n'est autre chose qu'un mélange de sel ammoniac et d'une autre matière analogue aux amides. Dans ces derniers temps (*Annales de Chimie et de Physique*, 3e série, tome XVIII, page 188), M. Gerhardt a établi que le perchlorure de phosphore ammoniacal, produit direct de l'action de l'ammoniaque sur le perchlorure de phosphore, n'était qu'un mélange de sel ammoniac et de chlorophosphamide :

$$P\,Ch^5 + 2\,Az\,H^3 = P\,Ch^3\,Az^2\,H^4 + 2\,Ch\,H.$$

L'acide chlorhydrique se dégage ou passe à l'état de sel ammoniac, qui reste mêlé à la chlorophosphamide ; et la meilleure preuve que le gaz ammoniac ne s'unit pas simplement au perchlorure, c'est que, si l'expérience est faite dans un long tube, en même temps qu'à une extrémité arrive le gaz ammoniac, des torrents d'acide chlorhydrique se dégagent à l'autre extrémité.

Il est très-probable qu'une réaction analogue se passe avec le chlorure d'arsenic et le gaz ammoniac, et que le produit obtenu est un mélange de sel ammoniac et de chlorarsénimide. En prenant la formule donnée par M. H. Rose pour le produit direct, on a

$$Ch^6 Ar^2 Az^7 H^{21} = 2(Ch\,Ar\,Az\,H) + 4(Ch\,Az\,H^4) + Az\,H^3.$$

Une preuve en faveur de cette opinion, c'est que si l'on chauffe cette matière dans un tube, il se dégage d'abord beaucoup d'ammoniaque, puis toute la matière se sublime : mais il est très-facile d'apercevoir, surtout dans les parties sublimées en dernier lieu, beaucoup de petits cristaux cubiques, qui ne sont autre chose que du sel ammoniac, comme une analyse directe me l'a prouvé. Ce qui se sublime en premier lieu, serait un mélange de chlorarsénimide et de sel ammoniac. La différence de volatilité de ces substances, quoique réelle, n'est pas assez grande pour que l'on puisse espérer d'isoler, par ce moyen, la chlorarsénimide à l'état de pureté parfaite.

Le chlorure d'arsenic ammoniacal, traité par l'eau bouillante, se détruit complétement, en donnant lieu d'abord à un dégagement d'ammoniaque, tandis qu'il reste en dissolution ou qu'il se précipite de l'acide arsénieux, du sel ammoniac.

Traité au contraire par l'eau, à la température ordinaire ou à une douce chaleur, la masse s'échauffe, en même temps que de l'ammoniaque se dégage. La liqueur, abandonnée au refroidissement et à l'évaporation spontanée, donne un dépôt cristallin fortement adhérent aux parois du vase, composé de tables ayant la forme d'hexagones réguliers d'une grande netteté. D'après l'analyse, cette substance aurait pour composition :

$$Ch\,Ar^4\,Az\,H^5\,O^7.$$

	Trouvé.	Calculé.
Chlore	13,43	13,55
Arsenic	58,10	57,66
Azote	5,35	5,39
Hydrogène	2,30	1,93
Oxygène par différence	20,82	21,77

La réaction qui donne naissance à ce composé nouveau est facile à concevoir. Le composé obtenu directement par le gaz ammoniac et le chlorure d'arsenic peut se représenter par

$$2(\mathrm{Ch\,Ar\,Az\,H}) + 4(\mathrm{Ch\,Az\,H^4}) + \mathrm{Az\,H^3}.$$

En traitant cette matière par l'eau, Az H^3 se dissout ou se dégage en partie très-reconnaissable à l'odeur. Le sel ammoniac se dissout, et 2 (Ch Ar Az H) s'assimile les éléments de 7 équivalents d'eau pour donner la nouvelle combinaison que nous venons de signaler; en même temps, un nouvel équivalent de sel ammoniac entre en dissolution :

$$2(\mathrm{Ch\,Ar\,Az\,H}) + 7\,\mathrm{HO} = \mathrm{Ch\,Ar^2\,Az\,H^5\,O^7} + \mathrm{Ch\,Az\,H^4}.$$

Cette nouvelle combinaison renferme les éléments de 1 équivalent de chlorarsénimide, de 1 équivalent d'acide arsénieux et de 4 équivalents d'eau :

$$\mathrm{Ch\,Ar^2\,Az\,H^5\,O^7} = \mathrm{Ch\,Ar\,Az\,H} + \mathrm{Ar\,O^3} + 4(\mathrm{HO}).$$

On peut aussi la regarder comme un arsénite d'ammoniaque ayant pour formule

$$(\mathrm{Ch\,O^2})\,\mathrm{Ar\,Az\,O^3},\ \ \mathrm{Az\,H^4O} + \mathrm{HO}.$$

Ce serait un arsénite acide d'ammoniaque renfermant 2 équivalents d'acide arsénieux, dont 1 serait de l'acide arsénieux chloré. J'ai même fait quelques essais dans le but d'obtenir le composé Ch O^2 Ar; ces essais ne sont pas assez avancés pour que je puisse en tirer des conclusions certaines (1).

Quoi qu'il en soit de la véritable constitution de cette nouvelle

---

(1) Le chlorure d'arsenic, traité par l'eau, se décompose lorsque l'eau intervient en trop grande quantité. Versée de manière à surnager le chlorure plus dense, celui-ci se dissout peu à peu, et, au bout de quelques jours, le vase étant ouvert, de manière que l'acide chlorhydrique puisse s'évaporer, il se dépose des cristaux en groupes étoilés de même forme que l'acide arsénieux prismatique, et qui renferment du chlore : c'est probablement Ch O^3 Ar, ou Ch^2O Ar. Je n'ai pas eu assez de matière pour en faire une analyse complète.

combinaison cristallisée, il est certain que, si on la traite par l'ammoniaque concentrée, elle se prend tout de suite en une masse dure, adhérente au vase, cristallisée, mais dont les cristaux ne sont pas des tables hexagonales régulières. Ce sont encore des tables hexagonales, mais allongées, groupées ensemble, d'aspect nacré, et qui, lavées à l'eau, ne renferment pas trace de chlore. A l'analyse, on trouve que ce n'est autre chose que de l'arsénite d'ammoniaque, ayant pour composition ArO^3AzH^4O, sans eau de cristallisation. En réalité, je n'ai point fait l'analyse des cristaux obtenus de cette manière; j'ai pensé seulement que ces cristaux, ne renfermant pas de chlore, mais seulement de l'acide arsénieux et de l'ammoniaque, pourraient bien être de l'arsénite d'ammoniaque. Il est vrai que cet arsénite n'avait pas encore été obtenu à l'état cristallisé. On trouve en effet dans tous les ouvrages, et notamment dans la Chimie de M. Berzelius, qui, plusieurs fois, a eu occasion de se servir d'acide arsénieux dissous dans l'ammoniaque, que cet acide se dissout beaucoup mieux dans l'ammoniaque que dans l'eau, mais que la dissolution évaporée lentement ou à l'ébullition laisse déposer de l'acide arsénieux cristallisé. J'ai répété plusieurs fois cette expérience en arrivant au même résultat. Je pensai que peut-être il fallait obliger l'ammoniaque à rester en présence de l'acide arsénieux, pour que l'arsénite prît naissance; et, en effet, plaçant de l'acide arsénieux du commerce avec de l'ammoniaque ordinaire dans un ballon que je scellai à la lampe, et que je plaçai ensuite dans un bain de sable à la température de 90 à 100 degrés, je trouvai, après le refroidissement, que tout l'acide arsénieux avait été dissous et remplacé par un corps cristallisé d'aspect nacré et soyeux, offrant exactement la forme des cristaux que j'ai signalés précédemment. Ces cristaux, qui tapissent en groupes étoilés les parois du ballon où l'on fait l'expérience, présentent à l'analyse la composition que j'ai ci-dessus indiquée, $ArO^3\,AzH^4O$, sans autre eau que celle qui se trouve dans les sels ammoniacaux :

	Trouvé.	Calculé.
Ammoniaque........	12,76	13,71
Eau..............	8,29	7,73
Acide arsénieux......	78,94	79,05
	99,99	

Pour faire cette analyse, j'ai pesé le sel et l'ai chauffé dans un tube jusqu'à ce qu'il ne se dégageât plus d'ammoniaque, et en ayant soin de ne pas aller jusqu'à volatiliser l'acide arsénieux qui reste dans le tube. J'ai pesé ensuite celui-ci, et j'ai eu facilement le poids de l'eau et de l'ammoniaque. Une autre partie de la matière, traitée par le bichlorure de platine, a donné le poids d'ammoniaque.

Ce sel est très-instable dès qu'il est séparé d'une eau chargée d'ammoniaque. Sa dissolution dans l'eau sent fortement l'ammoniaque et se détruit peu à peu. Abandonné à l'air, à l'état solide, après un jour il n'y a plus trace d'ammoniaque; il ne reste que de l'acide arsénieux en poudre. On comprend facilement, dès lors, que je n'aie pu atteindre à une rigueur parfaite dans l'analyse de ce sel; on est obligé d'enlever rapidement aux cristaux l'eau dont ils sont imprégnés. Une dessiccation lente donnerait lieu à une perte sensible d'ammoniaque; mais aussi on dessèche mal le sel, et l'analyse doit accuser une proportion d'eau un peu forte : au contraire, elle doit accuser une proportion d'ammoniaque un peu faible. Par suite, la perte totale d'eau et d'ammoniaque doit, à cause de cette compensation approchée, se trouver peu différente de celle que donne la formule. Et, en effet, j'avais employé 1gr,610 de matière, et j'ai eu une perte de 0,339; ce qui donne 21,05 pour 100 : la formule donne 20,8. Enfin, comme preuve de l'exactitude de l'analyse, je dirai que, dans cette analyse, je ne dose aucune des quantités cherchées par différence, et que, par suite, la somme des quantités trouvées doit reproduire le poids de matière employé : or je trouve 99,99 au lieu de 100.

L'arsénite d'ammoniaque obtenu dans les circonstances que j'ai signalées, soit par l'arsénite acide chloré d'ammoniaque, soit par l'acide arsénieux et l'ammoniaque, sous l'influence de la pression, a donc bien exactement la composition $Ar O^3 Az H^4 O$. Une telle composition m'a surpris. L'acide arsénieux est généralement regardé comme un acide bibasique, c'est-à-dire que, dans les arsénites, le rapport de l'oxygène de l'acide à celui de la base est de 3 à 2. On trouve en effet, dans la plupart des Traités de chimie, que les arsénites de potasse, de soude, de baryte, etc., de plomb, d'argent, ont une composition représentée par 1 équivalent d'acide arsénieux et 2 équivalents de base. Ce rapport a été depuis longtemps établi par M. Berzelius; et c'est sans doute sur l'autorité de ce chimiste illustre que la plupart des auteurs l'ont adopté, et ont donné aux arsénites la formule $Ar O^3 2 MO$. On trouve cependant cette phrase dans l'ouvrage de M. Berzelius : « La capacité de saturation de » l'acide arsénieux est égale aux deux tiers de la quantité d'oxygène » qu'il contient. Dans beaucoup de cas, il donne aussi naissance à » des sels dans lesquels sa capacité de saturation est égale au tiers » de l'oxygène qu'il renferme, et ces sels ne sont point acides; cependant on doit les considérer comme correspondant aux sels » acides. » Un motif sérieux d'admettre que l'acide arsénieux est bibasique, repose sans doute dans la composition de l'arsénite jaune d'argent, dont la formule est $Ar O^3 2 Ag O$, comme je m'en suis assuré par une analyse nouvelle; et l'on sait que l'argent ne donne jamais lieu à des sels basiques : c'est du moins un fait qui a été, jusqu'ici, généralement constaté. Je ne rappellerai pas que l'on avait l'habitude de rapprocher l'acide arsénieux de l'acide phosphoreux, tout comme l'acide arsénique de l'acide phosphorique; et l'acide phosphoreux étant réellement bibasique, c'était un motif pour admettre qu'il en était ainsi de l'acide arsénieux. Mais depuis les recherches de M. Würtz, il est bien clair qu'il n'y a plus rien de commun entre ces deux acides quant au point de vue de la composition chimique, à moins d'établir que l'acide arsénieux hydraté a également pour composition $Ar O^4 H$, et cette proposition ne peut nullement être soutenue par l'analyse des arsénites.

Dans tous les cas, les faits et les opinions que j'ai rappelés ci-dessus, et surtout l'existence de l'arsénite d'ammoniaque $Ar O^3 Az H^4 O$, indiquaient un point de la science réellement obscur en ce qui regarde la capacité de saturation de l'acide arsénieux. Des recherches dirigées vers ce but me semblaient d'autant plus raisonnables, qu'elles étaient provoquées par la composition d'un arsénite parfaitement défini, très-bien cristallisé, et, bien plus, le seul arsénite cristallisé (1).

On comprend donc sans peine que j'aie abandonné mon premier travail qui, du reste, par les difficultés nombreuses qu'il présente à cause de la facile décomposition des substances dont il traite en présence de presque tous les dissolvants, exigeait de ma part plus d'expérience, plus de pratique dans les travaux du laboratoire. Je ne fais d'ailleurs qu'en ajourner l'étude. Je dois dire ici que cette première partie de mon travail est plutôt l'œuvre de M. Laurent que la mienne propre. Je travaillais à cette époque dans le même laboratoire que ce chimiste à l'École Normale, et, à chaque instant, j'étais éclairé des bienveillants conseils de cet homme si distingué à la fois par le talent et par le caractère.

Arsénite d'ammoniaque.

J'ai préparé pendant longtemps l'arsénite d'ammoniaque cristallisé en suivant le procédé que j'ai indiqué précédemment, en mettant l'acide arsénieux et l'ammoniaque en présence, dans un ballon scellé à la lampe, à la température de 90 à 100 degrés. Mais voici un autre moyen beaucoup plus facile et plus expéditif; on sera même étonné sans doute de l'apprendre. Lorsqu'on verse de l'ammoniaque concentrée sur de l'acide arsénieux, immédiatement cet acide se prend en masse dure et qui adhère fortement aux parois du vase, en même temps que la température s'élève d'une manière très-sensible. Eh bien, cette masse dure, qui prend ainsi naissance si promptement, n'est rien autre chose que de l'arsénite d'ammoniaque cristallisé, et

(1) Les minéralogistes ont étudié deux arsénites naturels, l'un de cobalt, l'autre de nickel; mais ces matières n'ont pas été analysées, et ne sont pas cristallisées. On les trouve à l'état terreux et pulvérulent.

l'acide arsénieux n'a pris cette dureté, que par l'enchevêtrement des cristaux d'arsénite qui ont pris naissance sur-le-champ, de manière à relier entre elles les diverses parties de la masse. La preuve de ce que j'avance est facile : il suffit d'examiner au microscope l'acide arsénieux, dès qu'il a été touché par l'ammoniaque, et l'on voit une foule de petites lames hexagonales, ayant précisément la même forme, le même aspect que l'arsénite cristallisé obtenu comme je l'ai indiqué dans d'autres circonstances. Ces lames hexagonales sont mêlées à de petits cristaux octaédriques d'acide arsénieux sur lesquels l'ammoniaque n'a pas réagi. Aussi, bien que l'arsénite d'ammoniaque prenne naissance, dans ce cas, en assez grande abondance, ce serait un mauvais moyen de l'avoir pur. Essaye-t-on de dissoudre cet arsénite dans l'ammoniaque qui le surnage; on n'y parvient que très-difficilement, même à chaud, et il se détruit au sein de l'eau bouillante et par le refroidissement. L'acide arsénieux cristallise en octaèdres, sans renfermer trace d'ammoniaque. C'est qu'en effet, l'arsénite d'ammoniaque est très-peu soluble dans l'ammoniaque concentrée; mais, au contraire, il l'est beaucoup dans l'eau pure ou dans l'eau chargée d'une faible quantité d'ammoniaque, surtout à une douce température, et, par le refroidissement, il cristallise abondamment. Aussi, dès que l'ammoniaque a été versée sur l'acide arsénieux et en a touché les diverses parties, si l'on enlève l'ammoniaque et qu'on la remplace par de l'eau, on voit d'abondantes stries se former, ce qui indique bien que la masse n'est plus de l'acide arsénieux. Cette dissolution, opérée à une douce température, donne, par le refroidissement, une assez grande quantité d'arsénite d'ammoniaque cristallisé, très-blanc et très-pur. Tel est, sans doute, le meilleur moyen d'obtenir ce sel; et comme sa dissolution dans l'eau portée à l'ébullition se détruit en ne laissant cristalliser par le refroidissement que de l'acide arsénieux, c'est un excellent moyen de se procurer de l'acide arsénieux pur.

La forme de l'arsénite d'ammoniaque est celle d'un prisme oblique à base rectangle, généralement modifié sur deux arêtes opposées des bases, ce qui lui donne la forme d'une table hexagonale. D'après cette dernière forme seule, on ne pourrait se décider, vu la difficulté de mesurer des angles sur des cristaux qui se détruisent si facilement à l'air, entre le prisme oblique ou le prisme droit à base rectangle. Mais, dans certaines circonstances, l'arsénite d'ammoniaque offre la forme d'un prisme oblique à base rectangle, ne portant qu'une seule modification sur une seule arête à chaque base. On voit également, par cette forme, que le prisme est extrêmement peu oblique, c'est-à-dire que l'angle de la base avec les pans latéraux antérieur et extérieur est presque droit. L'arsénite d'ammoniaque a cette forme, surtout lorsqu'il est produit dans le cas que je vais dire. Lorsqu'on sature une dissolution bouillante de potasse par l'acide arsénieux, jusqu'à ce que cet acide refuse de se dissoudre, on obtient une liqueur visqueuse qui est très-soluble dans l'eau. Si l'on ajoute à cette dissolution de l'ammoniaque, au bout de quelques instants, tout de suite si les liqueurs sont concentrées, on obtient un dépôt cristallin d'arsénite d'ammoniaque, comme l'analyse me l'a prouvé, et qui présente alors la formule que je viens de signaler.

L'arsénite d'ammoniaque donne, avec le nitrate d'argent, un précipité jaune clair d'arsénite $ArO^3 2AgO$, ne renfermant pas d'eau de cristallisation, et la liqueur qui surnage le précipité est acide; ce qui fait que peu à peu le précipité disparaît, parce qu'il est soluble dans les liqueurs acides.

Je n'ai pas obtenu d'arsénite d'ammoniaque cristallisé, renfermant 2 équivalents d'ammoniaque pour 1 équivalent d'acide.

Arsénites de potasse.

Les ouvrages de chimie donnent à l'arsénite de potasse, obtenu en saturant la potasse par l'acide arsénieux, la composition $ArO^3 2KO$. C'est le seul arsénite qui soit cité, et je pense que c'est plutôt en s'appuyant sur l'opinion généralement admise, relativement à la capacité de saturation de l'acide arsénieux, que d'après des analyses directes, que les chimistes donnent à cet arsénite une telle composition.

En réalité, il y a plusieurs arsénites de potasse; et l'un d'eux possède, en effet, la composition $ArO^3 2KO$, mais il ne prend pas naissance dans l'expérience que je viens de rappeler. Lorsqu'on traite à froid une dissolution de potasse par l'acide arsénieux en excès, la température s'élève un peu, et l'on obtient un liquide huileux qui ne cristallise pas et qui donne, avec le nitrate d'argent, un précipité jaune, pourvu que les liqueurs soient assez étendues. Le précipité est plus ou moins blanc, selon qu'il y a plus ou moins d'acide arsénieux qui se précipite en même temps.

Dans tous les cas, la liqueur qui surnage le précipité prend une réaction acide prononcée. L'acidité que prend la liqueur d'abord fortement alcaline, la précipitation d'une quantité notable d'acide arsénieux, si les liqueurs sont concentrées, sont des faits certains, d'où l'on peut induire, tout d'abord, que l'arsénite qui a pris naissance n'est pas $ArO^3 2KO$, mais $ArO^3 KO$, ou un arsénite plus acide. C'est, en effet, ce qui a lieu. L'arsénite qui prend alors naissance renferme, pour 1 équivalent de base, 2 équivalents d'acide arsénieux, et constitue un sel susceptible de cristalliser d'une manière bien nette, en s'unissant aux éléments de 2 équivalents d'eau.

Si l'on traite, en effet, la liqueur filtrée obtenue en saturant à froid la potasse par l'acide arsénieux, au moyen de l'alcool, qu'on l'agite à plusieurs reprises avec ce liquide, on lui enlève beaucoup d'eau, on la rend beaucoup plus visqueuse, filante même comme une huile épaissie, et rendue opaque et blanche par l'interposition d'une foule de petites gouttelettes d'alcool. Ces gouttelettes disparaissent peu à peu quand le liquide est abandonné au repos. Au bout d'un ou deux jours, il est complétement éclairci, et sur les parois du vase se déposent, au sein de cette masse si visqueuse, des cristaux groupés, d'une netteté parfaite : ce sont des prismes rectangulaires droits, ne portant aucune modification. Au bout de quelques jours (quelquefois il faut très-longtemps), toute la masse, primitivement sirupeuse, se trouve cristallisée. Si l'on veut enlever ce qui reste de matière liquide et qui imprègne les cristaux, il suffit de les placer sur du papier joseph pendant quelque temps, puis de les soumettre à la presse entre des doubles de ce papier. La presque totalité de la matière demeurée sirupeuse, et qui est d'autant plus faible, d'ailleurs, que la cristallisation a été poussée plus avant, pénètre dans le papier. On a ainsi des cristaux blancs purs, qui ne s'altèrent pas à l'air, si ce n'est qu'ils en absorbent un peu l'humidité sans tomber cependant en déliquescence, sans cesser de conserver leur forme solide et cristalline.

Voici l'analyse de ce sel :

Cet arsénite a pour formule

$$2\,ArO^3\,KO\,2\,HO.$$

Un équivalent d'eau part à 100 degrés; $1^{gr},185$ ont perdu, à 100 degrés, 0,041 ; ce qui répond à 3,45 pour 100. La perte calculée est 3,41. J'ai repris plusieurs fois cette détermination de l'eau. Elle ne se trouve exacte qu'autant que l'on emploie des cristaux parfaitement exempts du liquide sirupeux au sein duquel ils prennent naissance.

Le poids restant, $1,185 - 0,041 = 1,144$, a été chauffé dans un tube au bain de sable, jusqu'à ce que le sel commence à se détruire. Les dernières portions de l'eau du sel ne se dégagent que quand il est déjà détruit en partie, que toute la masse fondue est devenue noire et a déjà laissé perdre une certaine quantité d'acide arsénieux. On a trouvé pour perte 0,045 ; ce qui répond à 3,93 pour 100. La perte calculée du deuxième équivalent est 3,55. Quant à l'acide arsénieux et à la potasse, ils ont été déterminés sur un autre échantillon, au moyen du sulfure d'arsenic et du chlorure de potassium : on a trouvé 77,56 d'acide arsénieux, et 17,00 de potasse.

La formule exige 77,94 et 18,53.

Arsénite de potasse ArO^3KO. — Si l'on mêle à 1 équivalent du sel précédent 1 équivalent de carbonate de potasse, et qu'on porte la dissolution de ces deux sels à l'ébullition durant plusieurs heures, tout l'acide carbonique est chassé, et il reste un produit qui n'est que très-peu soluble dans l'alcool. Agité plusieurs fois avec ce liquide, on obtient une matière sirupeuse où, pour 1 équivalent d'acide arsénieux, il entre 1 équivalent de potasse : c'est l'arsénite ArO^3KO. Ainsi, à l'ébullition, l'acide arsénieux de l'arsénite acide chasse complétement l'acide carbonique, et se combine à l'équivalent de potasse éliminé pour donner l'arsénite ArO^3KO. A froid, cette action n'a pas lieu; au contraire, si l'on fait passer un courant d'acide carbonique dans l'arsénite acide de potasse, il se précipite de l'acide arsénieux.

Cet arsénite de potasse ne donne pas de dégagement d'acide arsénieux quand on le chauffe dans un tube fermé, comme fait, dans les mêmes circonstances, l'arsénite précédent. Avec le nitrate d'argent il donne un précipité jaune d'arsénite $ArO^3 2AgO$, et la liqueur qui surnage le précipité est acide. Aussi, peu à peu le précipité d'arsénite disparaît dans la liqueur acide. Pour 1 équivalent d'arsénite précipité, il y a 1 équivalent d'acide azotique mis en liberté.

Je n'ai pas encore obtenu cet arsénite à l'état cristallisé. Il sera sans doute isomorphe avec l'arsénite d'ammoniaque, si toutefois il cristallise comme ce dernier, sans eau de cristallisation.

Arsénite de potasse $ArO^3 2KO$. — Il existe réellement un arsénite de potasse $ArO^3 2HO$. Pour l'obtenir, je pars encore de l'arsénite cristallisé $2ArO^3, KO, 2HO$; j'ajoute à la dissolution de ce sel un excès de potasse caustique; je précipite ensuite la liqueur visqueuse par l'alcool. Tout l'excès de potasse est enlevé, si toutefois on a soin d'agiter la matière huileuse qui se précipite, avec l'alcool à plusieurs reprises. Il reste alors un produit très-soluble dans l'eau, et qui renferme, pour 1 équivalent d'acide, 2 équivalents de base.

Précipite-t-on par le nitrate d'argent; on obtient encore l'arsénite jaune d'argent, quel que soit l'état de dilution ou de concentration des liqueurs; mais cette fois le précipité jaune persiste, et la liqueur qui le surnage est complétement neutre aux papiers réactifs, si on a le soin d'ajouter un excès de nitrate d'argent neutre. Sans cette précaution, l'arsénite de potasse non décomposé donnerait à la liqueur une réaction alcaline prononcée.

Ainsi, il est bien certain qu'il existe au moins trois arsénites de potasse parfaitement définis, et qui ont les compositions suivantes :

$2ArO^3\ KO$,

$ArO^3\ KO$,

$ArO^3\ 2KO$.

Le premier cristallise avec 2 équivalents d'eau, dont 1 est chassé à 100 degrés.

Il est extrêmement probable qu'il existe en outre un quatrième arsénite de potasse, mais qui ne peut se conserver longtemps en présence de l'eau, qui en élimine une grande partie de l'acide. Lorsqu'on fait bouillir une solution de potasse, et qu'on y projette de l'acide arsénieux jusqu'à ce qu'elle refuse d'en dissoudre, on obtient une liqueur extrêmement sirupeuse, qui, filtrée et agitée avec l'alcool à plusieurs reprises, donne lieu à un précipité très-gluant, presque solide. Traité par l'eau, il se dissout complétement dans une très-petite quantité d'eau; ce qui prouve d'une manière péremptoire que l'acide arsénieux est réellement combiné à la potasse. Mais au bout de très-peu de temps, un précipité d'acide arsénieux commence à se former, et continue les jours suivants, jusqu'à ce que la liqueur, traitée de nouveau par l'alcool, donne lieu à l'arsénite acide cristallisable que j'ai signalé plus haut. Je n'ai pas encore déterminé les proportions relatives d'acide arsénieux et de potasse que ce nouvel arsénite renferme.

Arsénites de soude.

Tout ce qui est relatif aux arsénites de potasse peut se répéter exactement pour les arsénites de soude.

Ainsi, 1° lorsque l'on sature à froid la potasse par l'acide arsénieux, et qu'on traite par l'alcool la liqueur filtrée, on obtient un liquide visqueux que je n'ai pu encore faire cristalliser, et où l'acide arsénieux et la potasse sont dans le rapport de 2 à 1. C'est l'arsénite de soude correspondant à $2ArO^3\ KO\ 2HO$. Ce liquide sirupeux, traité comme il a été dit pour l'arsénite de potasse cristallisé, donne facilement les deux arsénites $ArO^3\ NaO$ et $ArO^3\ 2NaO$ jouissant tout à fait des mêmes propriétés: insolubles dans l'alcool, très-solubles dans l'eau.

Quelle conséquence doit-on tirer des faits établis dans ce que l'on vient de lire, relativement à la capacité de saturation de l'acide arsénieux? Lorsqu'un acide donne lieu à des sels où l'on trouve, d'une part, 1 équivalent d'acide pour 1 équivalent de base, et, de l'autre, 1 équivalent d'acide pour 2 de base, il est certain que l'acide n'est pas un acide bibasique. On peut bien, en effet, dans la série des sels à 1 atome de base, faire rentrer ceux à 2 atomes de base; mais l'inverse n'est pas possible. L'acide arsénieux est donc certainement un acide monobasique. Ce n'est pas là que peut être le doute; mais le doute existe quand il s'agit de se prononcer sur la véritable constitution des arsénites à 2 atomes de base. Si l'acide arsénieux est monobasique, et cela est certain, il faut de deux choses l'une: ou qu'il soit à la fois monobasique et bibasique, ou que les arsénites à 2 atomes de base soient des arsénites basiques. Il faut que les arsénites à 2 atomes de base soient représentés par le symbole général $ArO^3MO + MO$, ou qu'il y ait deux séries d'arsénites, deux acides arsénieux, l'un ArO^3HO, l'autre $ArO^3 2HO$, si l'on considère les acides hydratés. Je l'ai dit en commençant, je ne suis pas encore en état de répondre sûrement à cette question. Je la traiterai prochainement dans un Mémoire que j'aurai l'honneur de présenter à l'Académie des Sciences; et je puis dire que si l'expérience ne vient pas ultérieurement me faire changer d'opinion, c'est le dernier point de vue que je chercherai à établir. Et pour que cette idée ne paraisse pas ici offerte à l'état de pure hypothèse, je dirai que j'ai obtenu déjà, presque pour chaque métal, deux espèces d'arsénites, l'un $ArO^3 MO$, l'autre $ArO^3 2MO$; et que, dans les cas, et ceci est important à signaler; dans les cas, dis-je, où je n'ai obtenu encore qu'une seule espèce d'arsénite, pour l'argent en particulier, c'est l'arsénite à 2 atomes de base que j'ai obtenu.

L'existence de cette double série d'arsénites est certainement une considération puissante à faire prévaloir en faveur de l'opinion que j'ai signalée tout à l'heure. J'ai fait des tentatives nombreuses pour obtenir l'éther arsénieux, je n'y ai pas encore réussi. Si l'opinion que j'énonce est vraie, on devra pouvoir obtenir à volonté, soit l'éther à 2 atomes d'éther, soit celui à 1 atome.

On peut remarquer que, dans cette opinion, l'argent conserve ce caractère qu'il a montré jusqu'ici, de ne jamais donner lieu à des sels basiques. L'arsénite $ArO^3 2AgO$ ne serait pas $ArO^3 AgO + AgO$.

Isomorphisme et dimorphisme des acides arsénieux et antimonieux.

Le sujet que je vais traiter se rattache assez intimement aux recherches précédentes pour que je puisse le placer à leur suite. Je vais établir que l'acide arsénieux et l'acide antimonieux sont à la fois dimorphes et isomorphes. En voyant un acide anhydre sous deux formes très-distinctes, on sera plus enclin à croire que, de même qu'à l'état libre il s'offre à deux états distincts, il pourrait bien en être de même dans ses combinaisons. Cette idée deviendra une induction très-raisonnable dès que M. Laurent aura publié les faits extrêmement remarquables qu'il vient de découvrir dans l'étude de l'acide tungstique. Dans tous les cas, je dois parler ici de l'état sous lequel se dépose l'acide arsénieux de certains arsénites alcalins que j'ai étudiés dans les pages précédentes, et je serai ainsi forcément conduit, comme on va voir, à parler de l'acide antimonieux.

Je ne parlerai, dans ce qui suit, que des arsénites de potasse. Tout ce que je vais dire s'appliquerait exactement aux solutions d'acide arsénieux dans la soude. J'ai répété les expériences avec les dissolutions où il entrait l'une ou l'autre de ces bases, et elles ont eu le même résultat.

Lorsqu'on sature une dissolution bouillante de potasse par l'acide arsénieux jusqu'à refus, on obtient, comme je l'ai déjà dit, une liqueur très-sirupeuse qui se dissout entièrement dans l'eau, véritable combinaison, mais qui peu à peu se détruit par la présence même de cette eau, en laissant déposer beaucoup d'acide arsénieux. Quelle que soit la quantité d'eau ajoutée, pourvu qu'elle ne soit pas par trop considérable, on obtient toujours ce dépôt d'acide arsénieux, qui tapisse toutes les parois du vase. Or, ce qu'il y a de remarquable, c'est que l'acide arsénieux qui se dépose dans cette circonstance n'a jamais ou presque jamais la forme d'un octaèdre régulier. J'ai répété maintes fois cette expérience, et dans un seul cas j'ai obtenu de l'acide arsénieux octaédrique. L'acide arsénieux affecte, dans ce cas, diverses formes qui toutes peuvent se ramener à celle d'un prisme droit à base rhombe; mais cette forme se cache sous des aspects bien divers en général, et il m'a fallu une étude longue et patiente pour arriver à une notion parfaitement sûre de la forme véritable que possède alors l'acide arsénieux. J'entrerai dans quelques détails qui ne seront pas inutiles. Je commence par dire que tantôt l'acide arsénieux qui se dépose dans le cas que je viens de rappeler est nettement cristallisé; tantôt ses cristaux sont peu nets; quelquefois même il se dépose en petits mamelons. En général, la cristallisation est confuse lorsque l'on a ajouté trop peu d'eau; il faut employer un volume d'eau trois ou quatre fois égal ou supérieur au volume du liquide sirupeux.

Je serai plus clair en indiquant par des figures les formes cristallines. Lorsque la cristallisation n'est pas nette, les petits cristaux qui prennent naissance ont les formes A ou B. Ces lames minces, mal terminées aux extrémités, se groupent d'ordinaire en étoiles ou restent isolées. Lorsque l'acide se dépose en mamelons, ces mamelons commencent d'abord par avoir la forme A ou B, et peu à peu d'autres lamelles pareilles viennent se placer sur la première, en rayonnant à partir d'un centre et dans des plans différents, comme l'indique la

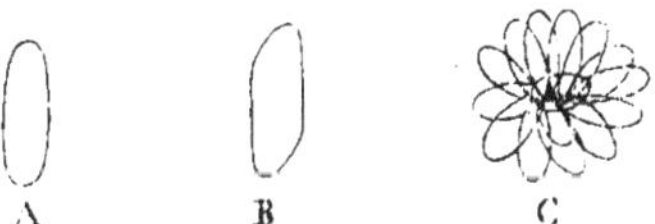

figure C. Au bout d'un certain temps, les extrémités mêmes des petites lames groupées disparaissent, et il n'y a plus qu'un petit mamelon globuliforme; mais vient-on à briser ces petits globules durs, on les trouve avoir une structure cristalline très-prononcée, et rayonnée à partir du centre, à peu près comme un échantillon brisé de sperkise rayonnée.

Dans le cas où l'acide arsénieux est nettement cristallisé, les cristaux ont les formes A' et B', et ces lames minces sont d'ordinaire groupées en étoiles, et, cette fois, les diverses lames restent distinctes dans le groupe, ainsi que leurs extrémités ; en un mot, ces étoiles ne passent pas à l'état mamelonné. Il est de toute évidence que les formes A et A' sont les mêmes, les formes B et B' également; et, d'autre part, que la forme B' n'est qu'une modification de la forme A, par une troncature de deux arêtes opposées.

Enfin, très-souvent, les cristaux de forme B' ne sont pas complets et l'on voit des lames minces affecter les diverses formes D, E.... Il est bien clair que ces formes ne sont autre chose que la forme B' un peu altérée par le développement prédominant de certaines parties du cristal, comme l'indiquent les figures D', E', où l'on a rétabli les parties qui avaient disparu dans les formes D et E par des lignes ponctuées.

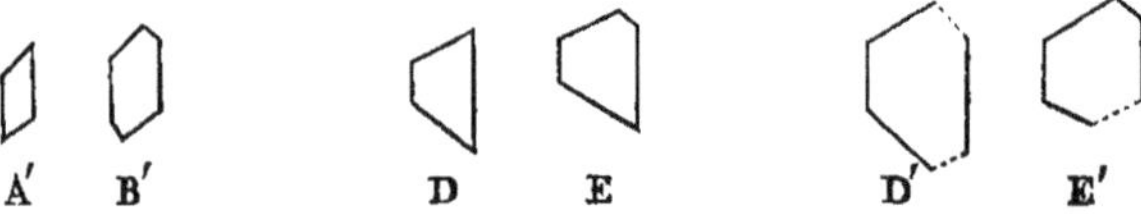

Voici enfin une dernière forme extrêmement nette au microscope, et qui s'obtient avec les mêmes liqueurs qui donnent les tables précédentes.

C'est un prisme droit rhomboïdal, portant un biseau à chaque base et une modification sur deux arêtes longitudinales opposées, figure F. Ces prismes droits rentrent dans la forme A' ou B'. Imaginez

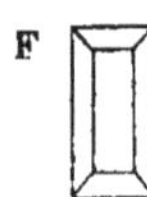

que les tables A' soient des prismes rhomboïdaux droits, de très-petite épaisseur, et vous retombez dans le système du prisme rhomboïdal droit auquel appartient la forme F. Pour prouver qu'il en est réellement ainsi, il faudrait des mesures d'angles, et il est impossible d'en prendre sur des cristaux qui ne sont bien visibles qu'au microscope. Mais voici une preuve irrécusable. Les minéralogistes connaissent l'acide antimonieux comme espèce minérale : c'est l'exitèle de M. Beudant. Or l'exitèle est complétement isomorphe avec la variété d'acide arsénieux que je viens de décrire.

Tous les groupements que les minéralogistes assignent aux cristaux d'exitèle, je les ai retrouvés là, et, bien plus, l'aspect même des cristaux est tout à fait le même. Un des caractères saillants de l'acide antimonieux naturel, c'est de s'offrir avec un éclat soyeux, nacré, adamantin : c'est précisément l'aspect de l'acide arsénieux prismatique. Du reste, la forme cristalline de l'exitèle est un prisme droit rhomboïdal de 137 degrés clivable parallèlement à la base et aux deux diagonales des bases ; quelquefois même les cristaux prismatiques de cette espèce minérale sont comme formés de lamelles rhomboïdales superposées les unes sur les autres, ce qui montre la facilité du clivage parallèle aux bases. Or imaginez ces lamelles détachées et éparses, et vous aurez précisément les tables A′ ; empilez ces lamelles, et reformez le prisme rhomboïdal droit, vous aurez la forme F seulement modifiée par un biseau à chaque base et par un plan tangent sur deux arêtes longitudinales opposées (1).

Voyant cette nouvelle variété d'acide arsénieux, que l'on obtient facilement en suivant le moyen que j'ai indiqué, posséder, avec l'acide antimonieux naturel, un isomorphisme si frappant, s'étendant jusqu'à une identité remarquable d'aspect et de groupement des

---

(1) M. Wœlher rapporte que l'acide arsénieux qui se sublime et cristallise, lors du grillage des minerais de cobalt, contient qnelquefois des cristaux dont la forme ne peut être ramenée à l'octaèdre. Les cristaux dont il s'agit forment des tables hexagonales, minces, nacrées et clivables suivant la direction des grandes faces dominantes. On ne peut douter que ce ne soit l'une des formes que je signale ici, et le clivage remarqué par M. Wœlher est une preuve de plus en faveur de l'isomorphisme des acides arsénieux et antimonieux. Cet acide arsénieux redonne des octaèdres par sublimation.

cristaux, je me suis demandé s'il ne serait pas possible d'obtenir un acide antimonieux cristallisé en octaèdres réguliers, et isomorphe, par conséquent, avec l'autre forme octaédrique d'acide arsénieux. Je ne tardai pas à mettre la main sur ce que je cherchais. Je préparai de l'acide antimonieux, et, à cet effet, je laissai digérer pendant quelque jours de la poudre d'algaroth récemment précipitée et lavée avec du carbonate de soude en excès. J'obtins de cette manière de l'acide antimonieux jaunâtre, en poudre grenue et cristalline. Cette poudre, au microscope, était formée d'une multitude de petits cristaux octaédriques, qu'il eût été tout à fait impossible de distinguer de l'acide arsénieux octaédrique. Souvent les cristaux avaient la forme d'un cubo-octaèdre; mais, comme cela a lieu pour l'acide arsénieux, la forme dominante était alors l'octaèdre régulier. Il y a plus; ces cristaux étaient mêlés à d'autres prismatiques, ayant exactement la forme que j'ai signalée en dernier lieu pour l'acide arsénieux, avec les mêmes biseaux à chaque base, avec la même modification tangente longitudinale.

L'acide arsénieux et l'acide antimonieux sont donc à la fois dimorphes et isomorphes, ou isodimorphes, comme disent les minéralogistes.

Je ne doute pas que les antimonites n'offrent des faits analogues aux arsénites.

Vu et approuvé,

Le 30 Juillet 1847.

Le Doyen de la Faculté des Sciences,

DUMAS.

Permis d'imprimer,

L'Inspecteur général de l'Université,

Vice-Recteur de l'Académie de Paris,

ROUSSELLE.

THÈSE DE PHYSIQUE.

1. ÉTUDE DES PHÉNOMÈNES RELATIFS A LA POLARISATION ROTATOIRE DES LIQUIDES.

2. APPLICATION DE LA POLARISATION ROTATOIRE DES LIQUIDES A LA SOLUTION DE DIVERSES QUESTIONS DE CHIMIE.

Il existe dans le domaine de la chimie nombre de problèmes intéressants à plus d'un titre, dès longtemps présents à l'esprit de ceux qui s'occupent de cette science, et qui paraissent insolubles, au moins dans l'état actuel de nos connaissances, par les seules ressources que la chimie possède. Tout chimiste hésitera, par exemple, à se prononcer sur ce qui se passe lorsque deux sels dissous sont mis en présence dans des conditions telles, qu'aucun sel ne puisse se précipiter; il hésitera si vous lui demandez quelle est l'action des acides en dissolution étendue sur les dissolutions salines, surtout s'il s'agit de préciser par des nombres la réaction possible. Et même en présence des faits que MM. Favre et Silbermann viennent d'annoncer relativement aux sels acides et aux sels doubles qui n'existeraient plus à l'état de dissolution, je doute que beaucoup de chimistes partagent leur manière de voir; mais je doute aussi que beaucoup de chimistes puissent prouver qu'ils ont tort ou raison. C'est que par une réaction chimique on détruit un équilibre. Il existait avant la réaction, il n'existe plus après : que s'est-il passé? Chaque hypothèse, chaque vue théorique a sa réponse prête à être appuyée par des faits.

Si, pour éclairer sa marche dans les questions les plus élevées qu'elle puisse aborder, et de toutes les plus intéressantes, celles relatives à la constitution moléculaire des corps, la chimie a dû demander secours aux sciences qui l'avoisinent, la cristallographie d'une part, la physique de l'autre, c'est surtout dans l'état actuel de la science que ce concours est nécessaire. Pour tout ce qui regarde l'arrangement moléculaire, les réactions chimiques n'auront jamais l'importance, et surtout l'importance si promptement décisive des expériences physico-chimiques en général. Combien n'a pas été féconde la considération de l'isomorphisme! Je crois que celle des volumes atomiques, que celle des propriétés optiques ne le seront pas moins. M. Berzelius a admis sans doute que la strychnine chlorée était analogue à la strychnine; que le groupe moléculaire était le même dans ces deux corps, du moment où M. Laurent a montré que les molécules de chacun de ces corps avaient sur la lumière polarisée le même pouvoir de déviation. A de telles preuves il n'y a rien à objecter.

Convaincu de l'importance des recherches physiques pour éclairer bien des questions encore obscures de la chimie, et guidé par les travaux nombreux et importants de M. Biot sur la polarisation rotatoire des liquides, travaux trop négligés des chimistes, j'ai entrepris quelques recherches dont je soumets les premiers résultats au jugement de la Faculté.

Voici les questions que je me suis proposé de résoudre dans ce travail.

1°. Lorsque deux sels dissous sont mis en présence, et qu'aucun sel ne se précipite, y a-t-il échange entre les acides et les bases? Quatre sels existent-ils dans la dissolution, ou deux seulement?

2°. Lorsqu'un sel dissous est mis en présence d'un acide dilué, et qu'aucun corps ne se précipite ou ne se volatilise, que s'est-il passé en réalité? L'acide a-t-il, en partie, déplacé celui du sel?

3°. Un sel double dissous n'est-il plus un sel double, mais un mélange des deux sels simples qui lui ont donné naissance?

Un sel acide dissous n'est-il plus un sel acide, mais un mélange du sel neutre et de l'excès d'acide (1)?

---

(1) Je n'aurais pas pensé à traiter cette question, si MM. Favre et Silbermann n'avaient énoncé à son égard une opinion qu'à priori j'avais peine à partager, et qui me semblait avoir besoin de confirmation avant d'être généralement admise.

4°. Les molécules des corps isomorphes ont-elles sur la lumière polarisée le même pouvoir de déviation ? L'acide tartrique et l'acide paratartrique, qui agissent si différemment sur la lumière polarisée, puisque l'un d'eux n'imprime aucune déviation au plan de polarisation, nous montrent combien l'arrangement moléculaire peut avoir d'influence sur les propriétés optiques d'un corps. Par arrangement moléculaire j'entends ici, puisqu'il s'agit de corps isomères, l'arrangement des atomes dans la molécule chimique. Mais, à côté de cet arrangement des atomes dans la molécule chimique, il faut distinguer l'arrangement des molécules chimiques elles-mêmes, qui, par leur groupement variable, donnent lieu aux molécules physiques de formes cristallines différentes. Lorsqu'il n'y a pas isomérie, et que tout nous porte à admettre un arrangement pareil dans les atomes qui forment la molécule chimique, par exemple pour deux tartrates simples, qu'adviendra-t-il, relativement à la lumière polarisée, si ces deux tartrates sont isomorphes, c'est-à-dire si les molécules chimiques sont groupées de manière à donner lieu à des molécules physiques de même forme cristalline ? Que si, comme cela est en effet, les molécules des corps isomorphes ont la même action sur la lumière polarisée, dans le cas où je me place de non-isomérie, on devra regarder comme très-probable que, d'une part, la faculté que possèdent certaines substances de dévier le plan de polarisation des rayons lumineux dépend de l'arrangement des *atomes chimiques ;* d'autre part, de l'arrangement des *molécules chimiques,* mais point de la qualité même des atomes. En outre, comme tout nous porte à croire que le pouvoir actif du quartz vient de la disposition géométrique des molécules physiques, et nullement de ces molécules elles-mêmes, prises séparément ou désagrégées, et que néanmoins les phénomènes relatifs au quartz sont sensiblement les mêmes dans tous les corps actifs, excepté l'acide tartrique, je regarde comme extrêmement probable que la disposition mystérieuse, inconnue, des molécules physiques, dans un cristal entier et fini de quartz, se retrouve dans les corps actifs, mais cette fois, dans chaque molécule en particulier; que c'est chaque molécule, prise séparément dans un corps actif, qu'il faut comparer, pour l'arrangement de ses parties, à tout un cristal fini de quartz. Et ce qu'il y aurait d'étonnant dans cette manière de voir, ce n'est pas qu'il existât un corps tel que l'acide tartrique, dispersant les plans de polarisation tout autrement que le quartz, mais bien qu'il existât si peu de substances jouissant de cette propriété.

Les expériences propres à résoudre les questions que j'ai mentionnées plus haut ont été faites primitivement avec l'appareil de M. Soleil. Afin de leur donner une plus grande autorité, je les répète en ce moment avec l'appareil de M. Biot, et je dois remercier ici MM. Biot et Bouchardat de la grande complaisance avec laquelle ils ont bien voulu mettre leurs appareils à ma disposition.

§ I. — *De l'action des sels sur les sels lorsque les lois de Berthollet ne sont pas applicables.*

Cette question est la seule pour laquelle je n'aie pu encore répéter mes expériences avec l'appareil de M. Biot. Je dirai seulement la manière dont elle a été résolue et le premier résultat auquel on est arrivé.

Lorsqu'une substance est douée de la propriété de dévier le plan de polarisation des rayons lumineux, ou, pour me servir du langage de M. Biot, lorsqu'une substance active est mêlée à un liquide inactif, son pouvoir de déviation ne varie pas sensiblement, si toutefois les liqueurs ont un certain degré de dilution. Ainsi, que l'on fasse un mélange à volume égal d'eau et d'un tartrate dissous, le mélange fera éprouver alors au plan de polarisation une déviation presque exactement moitié de celle qu'aurait produite le tartrate avant de l'étendre d'eau. Que si donc on mêle ce tartrate à une dissolution saline quelconque, inactive comme elles le sont toutes, si le tartrate entre sans altération dans la nouvelle dissolution, nous savons d'avance quelle sera son action sur la lumière polarisée, ou à très-peu près. Au contraire, si quatre sels prennent naissance, la liqueur renfermera alors deux tartrates, et la déviation même l'accusera, si le pouvoir de ces deux tartrates est assez différent. Ceux des tartrates de potasse ou d'ammoniaque et de soude diffèrent assez pour que l'on puisse résoudre la question par le mélange des tartrates de potasse et d'ammoniaque avec des sels de soude, ou par le mélange du tartrate de soude avec des sels de potasse ou d'ammoniaque. On trouve ainsi que, dans le mélange de deux sels solubles qui ne peuvent donner lieu à des sels insolubles, il y a en réalité formation de quatre sels dans la liqueur. J'entrerai dans des détails importants sur la concentration des liqueurs employées, pour que l'on puisse arriver à des conclusions certaines, lorsque je serai en mesure de publier les résultats de cette première étude.

§ II. — *De l'action des acides sur les sels lorsque les lois de Berthollet ne sont pas applicables.*

Les expériences suivantes mettront hors de doute que, lorsqu'un acide est versé dans une dissolution saline, l'acide du sel est éliminé en partie, bien qu'il ne puisse ni se précipiter ni se volatiliser dans les circonstances où l'expérience est faite.

Pour exécuter ces expériences, j'ai toujours suivi la marche que je vais dire : Une certaine dissolution de tartrate était observée dans un tube de longueur déterminée. J'observais ensuite cette même dissolution étendue de son volume d'eau et étendue de son volume d'un acide faible. Le pouvoir de déviation des tartrates alcalins étant considérablement plus élevé que celui de l'acide tartrique libre, si l'acide ajouté élimine l'acide du tartrate, la déviation l'accusera d'une manière non douteuse.

27gr,603 de tartrate de soude renfermant 18gr,149 d'acide tartrique cristallisé dissous dans une certaine quantité d'eau, ont donné, à la température de 19°,5, les résultats suivants, lorsque leur dissolution était observée seule, étendue de son volume d'eau et de son volume d'acide azotique faible (1) :

(1) Toutes les expériences que je rapporte dans ce travail ont donné des déviations de gauche à droite, et toutes ont été faites avec un même tube de 50 centimètres.

DISSOLUTION de tartrate de soude.	MÊME DISSOLUTION étendue de son volume d'eau.	MÊME DISSOLUTION étendue de son volume d'acide azotique faible.
26°,5	14°,1	Avec verre rouge.
26,5	13,4	2°,7
26,8	14,0	2,0
27,0	13,5	2,7
26,8	13,6	L'observation était ici très-difficile, à cause du peu d'intensité de la déviation, et je ne donne pas ces nombres comme certains.
26,5	»	
26,9	»	
27,5	»	
26,4	»	
26,6	»	
26,2	»	
Moy. = 26°,67	Moy. = 13°,7	
$26°,67 \frac{23}{30} = 20°,67$	$13°,7 \frac{23}{30} = 11°,1$	

L'acide azotique qui a été employé dans l'expérience précédente renfermait 217gr,391 d'acide azotique AzO^6H par litre à 19 degrés. Le volume de la dissolution précédente était de 120 centimètres cubes. Or, dans 120 centimètres cubes, cet acide renfermait 26gr,086 d'acide AzO^6H ; et c'est plus que ce qui était nécessaire pour neutraliser la soude du tartrate employé.

Nous voyons clairement, par le tableau précédent, que l'acide azotique est loin d'avoir agi à la manière d'un corps inerte tel que l'eau : car, au lieu de donner une déviation de 11°,1 pour le rayon rouge, elle est voisine de 3 degrés seulement.

Cette même expérience a été répétée avec l'acide chlorhydrique, et elle a donné des résultats analogues. Une autre, avec des liqueurs moins concentrées, a donné des résultats pareils à ceux de M. Biot, qui avait bien voulu se charger de la faire lui-même.

J'ai également opéré avec les acides acétique et sulfurique, et les divers tartrates alcalins. Toujours l'addition de l'acide a opéré une profonde altération dans le pouvoir de déviation du tartrate.

Une question analogue à celle que nous venons de traiter, celle de l'action des bases sur les sels, pourrait être entreprise également à l'aide des tartrates alcalins. Mais je me propose d'y revenir et de lui donner une solution plus saillante, en examinant l'action des alcalis végétaux ou minéraux sur l'hydrochlorate de nicotine. Ce sel a la propriété de dévier à droite le plan de polarisation, tandis que la nicotine le dévie à gauche. Dès lors, si l'on traite la dissolution de ce sel par les alcalis, la déviation sera considérablement altérée; et même quelque faible que puisse être la quantité de nicotine mise en liberté, on sera certain de le reconnaître, car le pouvoir de déviation de la nicotine est des plus considérables.

Je vois même, dans l'étude approfondie de ces questions, un moyen sûr de résoudre un problème d'une haute importance chimique. Que l'on suppose, en effet, une certaine quantité d'hydrochlorate de nicotine traitée par des bases diverses en quantités telles, que, dans des expériences successives, la proportion de nicotine mise en liberté soit la même : il me semble que les poids de bases ajoutés pour produire cet effet seraient de véritables *équivalents d'affinité chimique*, relatifs à la température de l'expérience. Et rien ne serait plus facile que d'arriver à l'élimination d'une quantité fixe de nicotine, dans des expériences successives. Il faudrait ajouter l'oxyde en proportion suffisante, pour que la déviation fût nulle dans tous les cas. A ce moment, la quantité de nicotine mise en liberté serait celle nécessaire pour détruire par sa déviation gauche la déviation droite de l'hydrochlorate restant dans la liqueur.

Aujourd'hui que nous avons un moyen de retirer du tabac une quantité notable de nicotine, de telles expériences peuvent être facilement entreprises, d'autant plus que la nicotine employée ne serait pas altérée dans ces diverses épreuves.

§ III. — *Les sels doubles et les sels acides n'existent-ils pas à l'état de dissolution ?*

L'étude de cette question, comme je le disais précédemment, ne me serait certainement pas venue à l'esprit si MM. Favre et Silbermann n'avaient émis à son égard une opinion contraire à celle qui était admise généralement par les chimistes. Mais, en réalité, les sels doubles solides, les sels acides solides, dissous dans l'eau, se dissolvent à l'état de sels doubles et de sels acides. Lorsqu'on mélange équivalent à équivalent deux sels simples dissous pouvant donner lieu à un sel double, ce sel double ne prend pas naissance, et il n'y a rien là qui doive étonner ; mais si le sel double cristallisé est dissous, il ne se détruit pas.

Deux dissolutions, l'une de tartrate de soude, l'autre de tartrate d'ammoniaque, renfermant sous le même volume des poids de sels proportionnels aux équivalents chimiques de ces tartrates, 24gr,43 et 19gr,53, ont été mêlées à volumes égaux, après avoir été observées séparément. Voici les résultats :

TARTRATE D'AMMONIAQUE.	TARTRATE DE SOUDE.	MÉLANGE DES DEUX TARTRATES, à volumes égaux.
31°,0	23°,0	27°,5
31,4	23,2	27,3
31,1	23,6	27,4
31,2	23,4	27,4
31,3	23,9	»
31,1	23,7	»
30,9	23,7	»
31,4	24,0	»
31,2	23,8	»
31,2	24,0	»
31,1	»	»
Moy. = 31°,1	Moy. = 23°,6	Moy. = 27°,4

On voit par là que les deux tartrates, en se mêlant à volumes égaux, n'éprouvent aucune altération; car la déviation du mélange est exactement la moyenne des tartrates avant leur mélange :

$$\frac{31^\circ,1 + 23^\circ,6}{2} = 27^\circ,3.$$

J'ai dissous, d'autre part, 43gr,96 de tartrate double de soude et d'ammoniaque, poids égal à la somme des tartrates simples, dans une quantité d'eau telle, que le volume de la dissolution fût égal à la somme des volumes des dissolutions de tartrates simples que je viens d'essayer. S'il y avait eu destruction du sel double, on aurait dû trouver 27°,4 pour déviation. Or la moyenne de onze observations est de 23°,27. Voici ces observations :

23°,1, 23°,4, 23°,0, 22°,9, 23°,2, 23°,6, 23°,2,
23°,3, 23°,4, 23°,5, 23°,4.

Pour faire le calcul des quantités à dissoudre, il faut se rappeler que la formule du tartrate de soude est

$$C^4H^2O^5NaO\,2HO;$$

celle du tartrate d'ammoniaque,

$$C^4H^2O^5AzH^4O;$$

celle du tartrate double,

$$C^4H^2O^5NaO + C^4H^2O^5AzH^4O + 2HO.$$

Voici une expérience analogue faite avec le sel de Seignette. Il a pour formule

$$C^4H^2O^5NaO + C^4H^2O^5KO + 8HO,$$

et le tartrate de potasse a pour formule

$$C^4H^2O^5KO.$$

24gr,43 de tartrate de soude ont été dissous dans une quantité d'eau telle, que le volume de la dissolution était de 120 centimètres cubes. 24gr,03 de tartrate de potasse, poids équivalent au précédent, ont été dissous dans une quantité d'eau telle, que le volume de la dissolution était également de 120 centimètres cubes.

D'autre part, on a dissous 59gr,91 de tartrate double de soude et de potasse, de manière que le volume de la dissolution fût de 240 centimètres cubes. Ce poids, 59gr,91, est égal à la somme des poids 24,43 et 24,03, augmentée du poids correspondant à 6 équivalents d'eau. On a trouvé les résultats suivants :

TARTRATE de soude.	TARTRATE de potasse.	TARTRATE DOUBLE de potasse et de soude.	MÉLANGE A VOLUMES ÉGAUX des deux tartrates simples.
23°,0	30°,2	30°,1	26°,7
23,2	30,5	30,5	26,4
23,6	30,3	30,1	26,7
23,4	30,2	30,9	27,2
23,9	30,5	30,7	27,1
23,7	30,3	30,1	27,0
23,7	30,7	30,4	27,0
24,0	31,0	30,2	27,1
23,8	30,3	30,5	26,9
24,0	30,3	30,5	26,6
»	30,9	»	»
»	30,5	»	»
»	30,7	»	»
Moy. = 23°,6	Moy. = 30°,5	Moy. = 30°,3	Moy. = 26°,67

Ce tableau ne laisse également aucun doute sur ce fait, que le tartrate double de soude et de potasse a un pouvoir de déviation propre lorsqu'il est dissous, et que ce pouvoir n'est pas la somme des pouvoirs des tartrates simples qui le composent ; car alors on aurait trouvé, pour déviation du tartrate double, la moyenne des déviations des deux tartrates simples. Cette moyenne est précisément égale à la déviation obtenue, en mêlant équivalent à équivalent les dissolutions préalablement faites des tartrates simples. Il faut en conclure que, dans ce mélange, le sel double ne prend pas naissance. Et ce dernier résultat s'accorde avec les expériences de MM. Andrews, Favre et Silbermann.

§ IV. — *Les molécules des corps isomorphes ont le même pouvoir de déviation sur la lumière polarisée.*

Le tartrate double de potasse et d'ammoniaque est isomorphe avec le tartrate de potasse neutre. L'émétique de potasse est isomorphe avec l'émétique d'ammoniaque.

J'ai dissous $24^{gr},03$ de tartatre de potasse dans une quantité d'eau telle, que le volume de la dissolution fût égal à 120 centimètres cubes. Le tableau de la page précédente donne, pour déviation de cette dissolution, 30°,5.

J'ai dissous, d'autre part, $21^{gr},940$ de tartrate double de potasse et d'ammoniaque dans une quantité d'eau telle, que le volume de la dissolution fût de 120 centimètres cubes. Le poids, $21^{gr},940$, est l'équivalent du poids $24^{gr},03$ de tartrate de potasse, en prenant, pour formules de ces deux tartrates,

$$C^4H^2O^5KO \text{ et } C^4H^2O^5K^{\frac{1}{2}}(AzH^4)^{\frac{1}{2}}O.$$

Je place dans le tableau suivant les déviations obtenues avec ces deux dissolutions. La première colonne se trouve déjà dans le tableau précédent.

TARTRATE DE POTASSE.	TARTRATE DOUBLE de potasse et d'ammoniaque.	TARTRATE DOUBLE de potasse et d'ammoniaque.
30°,2	29°,9	30°,5
30,5	29,5	30,2
30,3	29,3	30,2
30,2	29,3	30,2
30,5	29,6	30,0
30,3	29,6	30,2
30,7	29,1	»
31,0	28,7	»
30,3	28,9	»
30,3	29,6	»
30,9	29,6	»
30,5	29,6	»
30,7	29,3	»
Moy. = 30°,5	Moy. = 29°,4	Moy. = 30°,2

Voici l'explication de la troisième colonne de ce tableau :

Le tartrate double de potasse et d'ammoniaque que j'ai employé était en beaux cristaux, complétement isomorphes avec ceux du tartrate neutre de potasse; cependant sa dissolution s'est troublée, parce que quelques cristaux étaient en partie couverts par du bitartrate de potasse qui n'avait pas passé à l'état de sel double. J'ai recueilli sur un filtre ce qui produisait le trouble de la liqueur; cela m'a donné un poids de bitartrate égal à $0^{gr},235$, et j'ai rajouté ce poids en tartrate double à la liqueur pour l'observer de nouveau : c'est ainsi que j'ai eu les nombres de la troisième colonne. Cette expérience montre, en outre, toute la sensibilité de la méthode d'observation, puisque $0^{gr},235$ de sel, ajoutés à une dissolution de 120 centimètres cubes et renfermant $21^{gr},940$ de sel, ont suffi pour faire varier d'une manière appréciable la déviation.

En outre, quel résultat devons-nous déduire de ce tableau? Il suffit de se rappeler que nous avons dans des dissolutions de même volume des poids proportionnels aux poids des molécules des deux sels isomorphes. Il résulte de là que, dans le tube d'observation, nous avons sur une même longueur le même nombre de molécules; et, puisque nous trouvons la même déviation, nous pouvons énoncer le résultat de cette expérience en disant que les molécules de deux corps isomorphes dévient de la même quantité le plan de polarisation des rayons lumineux.

Voici une deuxième expérience faite avec les émétiques de potasse et d'ammoniaque, qui sont complétement isomorphes, comme l'a reconnu M. F. de la Provostaye.

$10^{gr},663$ d'émétique ont été dissous dans 180 centimètres cubes d'eau.

D'autre part, 10 grammes d'émétique d'ammoniaque, poids équivalent au précédent, ont été dissous dans le même volume d'eau; la température était de 23 degrés. On a trouvé les résultats suivants :

ÉMÉTIQUE DE POTASSE.	ÉMÉTIQUE D'AMMONIAQUE.
45°,5	45°,6
45,2	45,7
45,8	45,6
46,0	45,5
45,6	45,3
45,4	45,5
45,7	45,6
45,3	45,5
45,0	»
45,4	»
45,1	»
45,2	»
Moy. = 45°,4	Moy. = 45°,5

Nous sommes également conduits, par ce tableau, à la conclusion ci-dessus énoncée au sujet des corps isomorphes. Je regrette que, parmi les tartrates, il ne se trouve pas davantage de produits isomorphes, afin d'établir la proposition que je viens d'énoncer, à l'aide d'un plus grand nombre de preuves. J'aurais désiré essayer aussi l'émétique arsénieux, également isomorphe avec les émétiques de potasse et d'ammoniaque; mais je n'ai pas réussi à préparer ce produit.

On remarquera, en passant, le pouvoir de déviation extrêmement considérable des émétiques. Les tartrates ordinaires ont déjà un pouvoir notable; et cependant 10 grammes seulement d'émétique d'ammoniaque, dissous dans 180 centimètres cubes d'eau, ont donné 45°,5 de déviation, tandis que 24gr,03 de tartrate de potasse, dissous dans 1 volume qui n'était que 120 centimètres cubes, n'ont donné que 30°,5.

Je me suis assuré que le pouvoir de déviation du tartrate d'antimoine était lui-même très-considérable.

Avant de terminer ce sujet, je dois faire une remarque qui me paraît d'une grande importance. Les sels ammoniacaux sont en général, comme on le sait, isomorphes avec les sels de potasse correspondants, et nous venons d'en rappeler un exemple, celui des émétiques de ces deux bases. Or le tartrate neutre de potasse et le tartatre neutre d'ammoniaque, quoique cristallisant sans eau de cristallisation et ayant par conséquent les mêmes formules, ne sont pas complétement isomorphes, comme il résulte des mesures de M. de la Provostaye. Cependant, si l'isomorphisme n'y est pas complet, on peut dire qu'il y en a des indices. Le système est en effet le même, et certains angles sont très-sensiblement les mêmes. Les modifications se rapprochent : ce qu'il y a de remarquable, c'est que ces deux substances ont aussi presque exactement le même pouvoir de déviation. En effet, la moyenne de plusieurs observations donne 31°,2 pour le tartrate d'ammoniaque, et 30°,5 pour le tartrate de potasse lorsqu'ils sont dissous en poids équivalents égaux, les dissolutions ayant même volume.

En terminant l'exposé de ces recherches, on me permettra une dernière remarque. Admettons qu'il soit prouvé, d'une manière rigoureuse, que les molécules des corps isomorphes agissent de même sur la lumière polarisée. Puisque, pour arriver à ce résultat, nous sommes obligés de prendre pour équivalents des tartrates isomorphes de potasse, et de potasse et d'ammoniaque, des poids proportionnels à ceux que représentent les formules

$$C^4H^2O^5KO \quad \text{et} \quad C^4H^2O^5K^{\frac{1}{2}}(AzH^4)^{\frac{1}{2}}O,$$

j'y vois une raison de plus à ajouter à celles qu'ont exposées MM. Dumas et Laurent, pour regarder les sels doubles comme ayant une formule de même type que celle des sels simples où il entrerait $\frac{1}{2}$ molécule de deux métaux différents.

Vu et approuvé,

Le 30 Juillet 1847.

Le Doyen de la Faculté des Sciences,

DUMAS.

Permis d'imprimer,

L'Inspecteur général de l'Université,

Vice-Recteur de l'Académie de Paris,

ROUSSELLE.

IMPRIMERIE DE BACHELIER,
RUE DU JARDINET, 12.

www.ingramcontent.com/pod-product-compliance
Ingram Content Group UK Ltd.
Pitfield, Milton Keynes, MK11 3LW, UK
UKHW012303240726
13966UKWH00004B/1599